GUÍAS CLÍNICAS DE ACTUACIÓN EN URGENCIAS:
SÍNCOPE

GUÍAS CLÍNICAS DE ACTUACIÓN EN URGENCIAS:
SÍNCOPE

Jorge Juan Sorribes Monfort

URGENCIAS**HUGCS**

Copyright © 2014 por Jorge Juan Sorribes Monfort

Reservados todos los derechos. El contenido de esta publicación no puede ser reproducido, ni transmitido por ningún procedimiento electrónico o mecánico, incluyendo fotocopia o grabación magnética, ni registrado por ningún medio sin la previa autorización por escrito del titular de los derechos de explotación.

Primera impresión: 2014

ISBN 978-1-291-82105-5

Contenidos

Introdución 1

Etiopatogenia 6

Pronóstico 9

Valoración Inicial 12

Pruebas diagnósticas 17

Actitud en Urgencias 23

El síncope en la UCE 26

Recomendaciones al alta 28

Bibliografía 30

Introdución

El síncope se define como una pérdida transitoria de conciencia debida a una hipoperfusión cerebral global transitoria, caracterizada por ser de inicio rápido, duración corta y recuperación espontánea completa.

El adjetivo "presincopal" se utiliza para indicar síntomas y signos que tienen lugar antes de la pérdida del conciencia, de forma que su significación en este contexto es literal, y es sinónimo de "pródromo" o "aviso".Se utiliza también a menudo para describir un estado que se parece al pródromo del síncope, pero que no se sigue de pérdida de conciencia.

El síncope es un problema frecuente en la población general (20% de la población adulta), que aumenta con la edad y tiene una incidencia anual del 3% en hombre y el 3,5% en mujeres. Representa un 3% de todas las consultas a Urgencias y tiene múltiples etiologías, de pronóstico muy variado, por lo que es fundamental el diagnóstico de la causa y la estratificación del riesgo.

El síncope se incluye dentro de una entidad mayor denominada T-LOC, Pérdida Transitoria de Conciencia (Transient Loss of Consciousness), que engloba otras patologías claramente diferenciadas:

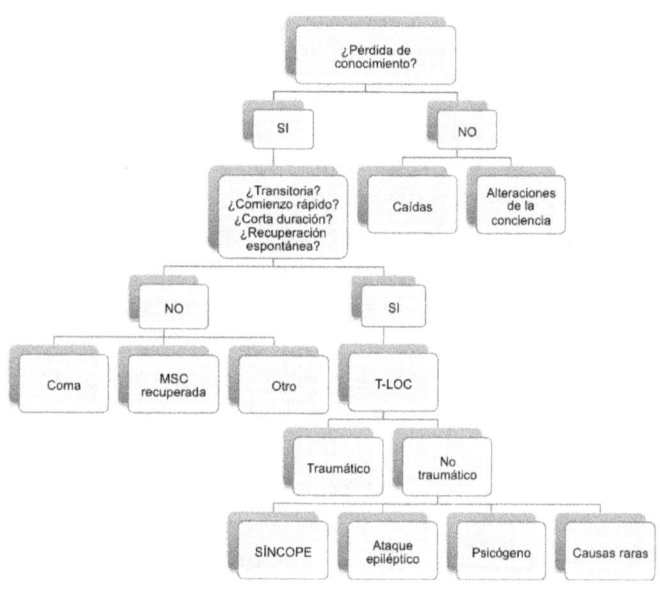

OBJETIVOS

La finalidad de la puesta en práctica de una guía clínica de actuación en la atención al síncope es la de establecer pautas de actuación homogéneas, basadas en las evidencias científicas disponibles, para conseguir reducir la morbimortalidad asociada a esta patología.

El abordaje del síncope debe ser interdisciplinar, consensuado entre los diferentes servicios implicados y revisado periódicamente para añadir nuevas evidencias clínicas cuando estén disponibles.

El nivel de evidencia y la fuerza de la recomendación de una opción terapéutica particular se sopesan de acuerdo con escalas predefinidas, tal como se indica:

GRADOS DE RECOMENDACIÓN
Clase I: Evidencia y/o acuerdo global de que un determinado procedimiento diagnóstico / terapéutico es beneficioso, útil y efectivo.
Clase II: Evidencia conflictiva y/o divergencia de opinión acerca de la utilidad / eficacia de un procedimiento.

IIa: El peso de la evidencia / opinión está a favor de la utilidad / eficacia.

IIb: La utilidad / eficacia está menos establecida por la evidencia / opinión.

Clase III: Evidencia o acuerdo global de que el tratamiento no es útil / efectivo y en algunos casos puede ser perjudicial.

NIVELES DE EVIDENCIA

A: Datos procedentes de múltiples ensayos clínicos con distribución aleatoria o metanálisis.

B: Datos procedentes de un único ensayo clínico con distribución aleatoria o de grandes estudios sin distribución aleatoria.

C: Consenso de opinión de expertos y/o pequeños estudios; práctica habitual.

RECURSOS MATERIALES Y HUMANOS

El abordaje del síncope debe ser interdisciplinar y consensuado entre los diferentes especialistas. El papel del Médico de Urgencias debe centrarse en esclarecer si es posible la causa del síncope, pero sobretodo estratificar su riesgo, decidiendo los casos que precisen ingreso y sirviendo de mecanismo de entrada para la posterior evaluación en las Consultas Externas de Cardiología.

Los pacientes en los que no está claro el diagnóstico de síncope, en los que se sospeche una entidad neurológica tras los síntomas se beneficiarán del estudio en las Consultas Externas de Neurología.

La unidad de Corta Estancia permite la observación de aquellos pacientes en que la causa no esté clara, o presenten un sintomatología demasiado florida como para altar a su domicilio.

En el Área de Urgencias no se precisa de utillaje especial para la valoración urgente del síncope. Será suficiente con contar con un tensiómetro, un electrocardiógrafo, un monitor-desfibrilador para los casos de causa cardiogénica y la posibilidad de realización de analítica urgente en casos puntuales.

Etiopatogenia

En la tabla 1 se muestra la clasificación del síncope, y en la figura 1 las bases fisiopatológicas que existen tras esta clasificación.

Tabla 1

REFLEJO	
Vasovagal	Mediado por angustia emocional, miedo, dolor,...
	Mediado por estrés ortostático
Situacional	Tos, estornudos
	Estimulación gastrointestinal (tragar, defecar)
	Micción
	Tras ejercicio
	Postpandrial
	Otros (risa, levantar pesos,...)
Síncope del seno carotídeo	Formas atípicas
HIPOTENSIÓN ORTOSTÁTICA	
Disfunción autónoma primaria	DNA primaria pura, atrofia sistémica múltiple, Parkinson,...
Disfunción autónoma secundaria	DM, amiloidosis, uremia, lesión medular espinal
Inducida por fármacos	Alcohol, vasodilatadores, diuréticos,...
Deplección de volumen	Hemorragia, diarrea, vómitos
CARDIOVASCULAR	
Arritmia	Bradicardia (disfunción sinusal, sdme. bradicardia-taquicardia, disfunción de dispositivo

	implantable, enfermedad sistema conducción AV
	Taquicardia (TSV, TV)
	Arritmias producidas por fármacos
Enfermedad estructural	Cardiaca (valvulopatía, IMA, miocardiopatía hipertrófica, masas cardiacas, taponamiento pericárdico)
	Otras: TEP, disección aórtica aguda, hipertensión pulmonar

Figura 1

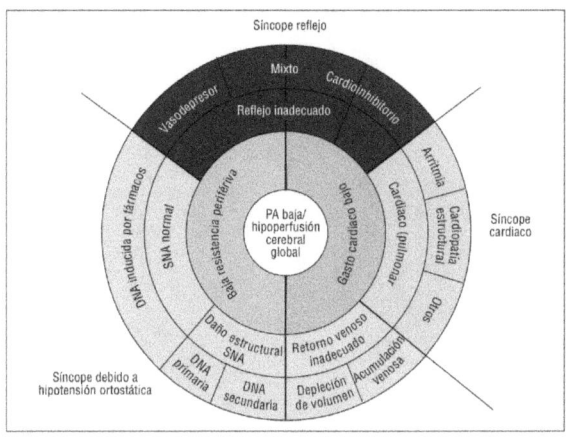

La característica común a todos los mecanismos fisiopatológicos del síncope es una caída de la presión arterial sistémica, con una reducción global del flujo sanguíneo cerebral. La presión arterial sistémica está determinada por el gasto cardiaco y la resistencia vascular periférica total, y una caída en cualquiera de estos dos factores puede causar síncope.

Pronóstico

Respecto al pronóstico se deben considerar dos elementos importantes:

A- El riesgo de muerte y los episodios que pongan en riesgo la vida. La cardiopatía estructural y la enfermedad eléctrica primaria son los principales factores de riesgo de muerte súbita cardiaca y la mortalidad global en pacientes con síncope. La hipotensión ortostática se asocia a un riesgo de muerte debido a la severidad de las comorbilidades que es 2 veces el de la población global. El síncope reflejo tiene un pronóstico excelente. La mayoría de las muertes están relacionadas con la severidad de la enfermedad subyacente más que con el síncope en sí.

Para la medición del riesgo existen escalas validadas como las que presentamos a continuación:

OESIL RISK SCORE	
El score se calcula como la suma de los factores de riesgo encontrados. Un score ≥ 2 implica un riesgo elevado de muerte súbita	
Edad >65 años	1
Historia de enfermedad cardiovascular	1

Síncope sin pródromos	1
ECG anormal	1

EGSYS RISK SCORE – UNIVARIATE (EGSYS-U)	
El score se calcula como la suma de los factores de riesgo encontrados. Un score ≥ 1 implica un elevado riesgo de síncope cardiológico, un score menor de -2 implica un elevado riesgo de síncope no cardiológico.	
ECG anormal / Cardiopatía	3
Palpitaciones / disnea	3
Síncope en posición supina / síncope de esfuerzo	2
Edad > 64 años	1
No factores precipitantes y predisponentes	1
No pródromos	1
Visión borrosa	-1
Signos vegetativos en la fase de recuperación	-1
Factores precipitantes y predisponentes	-2
Pródromos neurovegetativos	-2

B- El riesgo de recurrencia del síncope y traumatismo. Un tercio de los pacientes tienen recurrencia de síncope en un seguimiento de 3 años. El número de episodios de síncope durante la vida es el predictor más fuerte de recurrencia. La presencia de enfermedad psiquiátrica y edad <45 años se asocian a tasas más elevadas de seudosíncope. El sexo, la respuesta a la prueba de la mesa basculante, la severidad de la presentación y la presencia o ausencia de cardiopatía estructural tienen un valor predictivo nulo.

Los estudios indican que el riesgo de tener un accidente de tráfico para los pacientes con historia de síncopes no es distinto del de la población general. Las causas cardiovasculares tienen sus propias restricciones para la conducción. En el síncope reflejo único/leve, solo existe restricción para los conductores profesionales si el episodio se ha producido durante una actividad de alto riesgo. El síncope reflejo recurrente y grave supone una restricción permanente para los conductores profesionales salvo que se haya establecido un tratamiento efectivo. El síncope de causa desconocida supone una restricción en la conducción en caso de ausencia de pródromos.

Valoración Inicial

La evaluación inicial consiste en una historia clínica cuidadosa, exploración física que incluya determinación de la presión arterial y ECG. Basándose en los resultados de estas pruebas se pueden realizar exploraciones adicionales:

- Masaje del seno carotídeo (mayores de 40 años)
- Monitorización ECG inmediata cuando haya sospecha de síncope arrítmico
- Prueba de bipedestación activa (ver técnica en apartado 4) cuando esté relacionado con la postura.
- Análisis de sangre y exploración neurológica completa solo cuando se sospeche pérdida de conciencia de tipo no sincopal.

La evaluación inicial debe responder a tres preguntas:

¿Es un episodio sincopal o no?
Si la pérdida de conciencia fue completa, transitoria, de comienzo rápido y duración corta, el paciente perdió el tono postural y se

recuperó de forma espontánea, completa y sin secuelas, el episodio tiene una alta probabilidad de ser un síncope.

¿Se ha determinado el diagnóstico etiológico?

La anamnesis debe incluir preguntas sobre las circunstancias justo antes del ataque (posición, actividad, factores predisponentes como calor,...), sobre el comienzo del ataque (palpitaciones, náuseas, sudoración, nucalgia,...), sobre el ataque mediante un testigo (forma de caer, coloración de la piel, duración, respiración, movimientos), sobre la finalización (incontinencia, sudoración, confusión,...) y sobre los antecedentes personales (medicación, recurrencias, diabetes, epilepsia, historia familiar).

En algunas ocasiones es posible el diagnóstico etiológico mediante la evaluación inicial (25-50% de los pacientes):

- El síncope vasovagal se diagnostica cuando el síncope se precipita por angustia emocional o estrés ortostático y se asocia a un pródromo típico (nivel de evidencia I, clase C).

- El síncope situacional se diagnostica cuando el síncope ocurre durante o inmediatamente después de uno de los desencadenantes descritos en la TABLA 1 (nivel de evidencia I, clase C).

- El síncope ortostático se diagnostica cuando ocurre después de ponerse de pie y hay documentación de hipotensión ortostática (nivel de evidencia I, clase C).

- El síncope relacionado con arritmia se diagnostica por ECG cuando hay bradicardia persistente <40lpm, BAV Mobitz II i completo, pausas sinusales >3s, bloqueo alternativo de rama izquierda y derecha, taquicardia ventricular o taquicardia supraventricular paroxística rápida, taquicardia ventricular polimorfa, mal funcionamiento de marcapasos (nivel de evidencia I, clase C).

- El síncope relacionado con isquemia cardiaca se diagnostica con ECG si hay evidencias de isquemia aguda (nivel de evidencia I, clase C).

- El síncope cardiovascular se diagnostica cuando se presenta en pacientes con mixoma auricular, estenosis aórtica severa, hipertensión pulmonar, émbolo pulmonar o disección aórtica aguda (nivel de evidencia I, clase C).

En otras ocasiones no es posible establecer un diagnóstico definitivo, pero se pueden señalar algunas causas:

Síncope neuromediado: ausencia de cardiopatía, historia prolongada de síncope, tras una visión, sonido u olor desagradable, tras dolor, estando de pie en lugares abarrotados, náuseas y vómitos asociados, durante o tras la comida, durante el afeitado o al llevar collares apretados, tras un esfuerzo.

Síncope por hipotensión ortostática: en bipedestación, relación con medicación hipotensora, estar de pie en lugares abarrotados, presencia de neuropatía autónoma o parkinsonismo, tras esfuerzo,

Síncope cardiovascular: presencia de cardiopatía confirmada, historia familiar de muerte súbita, inicio súbito de palpitaciones, hallazgos ECG (bloqueo bifascicular, QRS >0.12s, BAV Mobitz I, Bradicardia sinusal <50lpm, salva de taquicardia ventricular, QRS preexcitados, QT largo o corto, repolarización precoz, síndrome de Brugada, patrón compatible con miocardiopatía arritmogénica ventricular derecha, ondas Q compatibles con IMA).

¿Existe riesgo elevado de eventos cardiovasculares o muerte?

Cuando la causa del síncope sigue siendo incierta tras la evaluación inicial, el siguiente paso consiste en evaluar el riesgo de presentar episodios cardiovasculares mayores o muerte súbita cardiaca. Para ello es conveniente utilizar tablas como EGSYS u OESIL.

Pruebas diagnósticas

MASAJE DEL SENO CAROTÍDEO

Ejercer presión en el lugar donde la arteria carótida se bifurca produce un enlentecimiento de la frecuencia cardiaca y una caída de la presión arterial. La aparición de una pausa ventricular >3s de duración o una caída de la presión arterial >50mmHg definen la existencia de hipersensibilidad del seno carotídeo. Si se asocia a la existencia de síncopes espontáneos, define el síndrome del seno carotídeo.

El síndrome es excepcionalmente raro en pacientes menores de 40 años, por lo que no está indicada la realización del masaje. Debe evitarse en pacientes con TIA previo o ACV en los últimos 3 meses, y en pacientes con soplos carotídeos.

Las principales complicaciones del masaje del seno carotídeo son de tipo neurológico, con una tasa aproximada del 0,3%.

BIPEDESTACIÓN ACTIVA

Se utiliza para diagnosticar diferentes tipos de intolerancia ortostática. Se realiza mediante un esfingomanómetro manual, en decúbito supino y en bipedestación activa durante 3 minutos.

La prueba es diagnóstica cuando hay una caída síntomatica (nivel de evidencia I, clase C) o asintomática (nivel de evidencia IIa, clase C), de la presión arterial sistólica >20mmHg o diastólica >10mmHg.

EXPLORACIÓN NEUROLÓGICA

Disfunción autonómica
La disfunción primaria del sistema nervioso autonómico comprende la enfermedad neurológica degenerativa, como la disfunción pura del sistema nervioso autonómico, la atrofia sistémica múltiple, la enfermedad de Parkinson y la demencia de cuerpos de Lewy.

La disfunción autonómica secundaria del sistema nerviosos autonómico incluye la lesión del sistema autónomo por otras enfermedades, como la DM, la amiloidosis y varias polineuropatías.

La hipotensión ortostática inducida por fármacos es la causa más frecuente de hipotensión ortostática; los fármacos que más comúnmente causan hipotensión ortostática son antihipertensivos, diuréticos, antidepresivos tricíclicos, fenotiazidas y alcohol. Mientras que en la disfunción primaria y secundaria del sistema nervioso autónomico la disfunción se debe a lesión estructural en el sistema nerviosos autónomo (ya sea central o periférico), en la hipotensión ortostática inducida por fármacos el fallo es funcional.

Trastornos cerebrovasculares

El robo de la subclavia se refiere al desvío de flujo sanguíneo hacia el brazo a través de la arteria vertebral debido a estenosis u oclusión de la arteria subclavia. El TIA puede ocurrir cuando el flujo a través de la arteria vertebral no puede irrigar el brazo y parte del cerebro cuando se hace fuerza con el brazo. El "robo" afecta mas frecuentemente al lado izquierdo. Un TIA solo es probable que se deba a "robo" cuando es vertebrobasilar y esta asociado al ejercicio de uno de los brazos.

No hay informes fiables de pérdida del conciencia aislada sin síntomas o signos neurológicos focales en el "robo de la subclavia". El TIA del sistema vertebrobasilar puede causar pérdida del conciencia, pero siempre hay signos focales, normalmente debilidad en las piernas, paso vacilante y ataxia de las piernas. Parálisis oculomotora y disfunción orofarfíngea. En términos prácticos, un TIA es un déficit focal sin pérdida del conciencia. mientras que el síncope es lo contrario.

Migraña

El sincope ocurre con más frecuencia en pacientes con migraña, que tienen una prevalencia más elevada de sincope y a menudo síncope frecuente. Los ataques sincopales y migrañosos no suelen ocurrir juntos en estos pacientes.

Epilepsia

La epilepsia puede causar pérdida transitoria del conciencia: se trata de pacientes no respondedores, que se caen y luego tienen amnesia. Esto solamente ocurre en los ataques globalizados atónicos, tonicoclónicos, clónicos y tónicos. En la epilepsia de ausencia en los niños y en la epilepsia parcial compleja en los adultos, la conciencia esta alterada pero no se pierde.

La flacidez completa durante la pérdida del conciencia va en contra de la epilepsia (la única excepción es el poco frecuente ataque atónico). Los movimientos pueden estar presentes tanto en la epilepsia como en el síncope. Las convulsiones de la epilepsia son amplias, rítmicas y sincrónicas mientras que en el síncope son asincrónicas, pequeñas y arrítmicas. Los movimientos solo se producen en el síncope tras la pérdida del conciencia y después de la caída, no así en la epilepsia. La mordedura de la lengua se produce más frecuentemente en la epilepsia, y es en el costado de la lengua, mientras que en el síncope se produce en la punta. Los pacientes pueden sentirse confusos tras un ataque epiléptico, pero tras un síncope se recupera habitualmente la lucidez de forma inmediata.

Otros
La cataplexia es una paresia o parálisis desencadenada por las emociones, normalmente la risa. Los pacientes están conscientes, de forma que no se produce amnesia. Junto con la somnolencia diurna, la cataplexia asegura un diagnóstico de narcolepsia.

Las caídas pueden deberse a síncope; los ancianos pueden no ser conscientes de haber perdido el conciencia.

En algunos individuos los trastornos posturales, el paso vacilante y el equilibrio pueden parecerse a las caídas del síncope.

El término "drop attacks" se usa de forma variable para la enfermedad de Ménière, ataques epilépticos atónicos y caídas de causa desconocida. El uso más claro del término se aplica a mujeres de mediana edad que de repente se dan cuenta de que están cayéndose. Sólo recuerdan haberse golpeado contra el suelo.

Actitud en Urgencias

Los síncopes que puedan ser diagnosticados como de etiología vasovagal o situacional tras la evaluación inicial no suelen precisar más exploraciones, salvo que el paciente presente múltiples episodios o éstos sean muy invalidantes, en cuyo caso pueden ser derivados a consultas externas de cardiología.

Los pacientes en los que se llegue a un diagnóstico de síncope cardiovascular deben ingresar en el Área de Cardiología (en caso de que no precisen ingreso en Cuidados Intensivos). Si no es posible llegar a un diagnóstico, debe tenerse en cuenta la estratificación de riesgo. Deben ingresar en el Área de Cardiología los pacientes con criterios de riesgo elevado (Escalas EGSYS y OESIL). En el resto de pacientes puede valorarse el ingreso durante 24 horas en la Unidad de Corta Estancia en casos de personas mayores (>75 años) o con sintomatología abundante o incontrolable o bien altar a domicilio, con solicitud de cita en Consultas Externas de Cardiología según el caso.

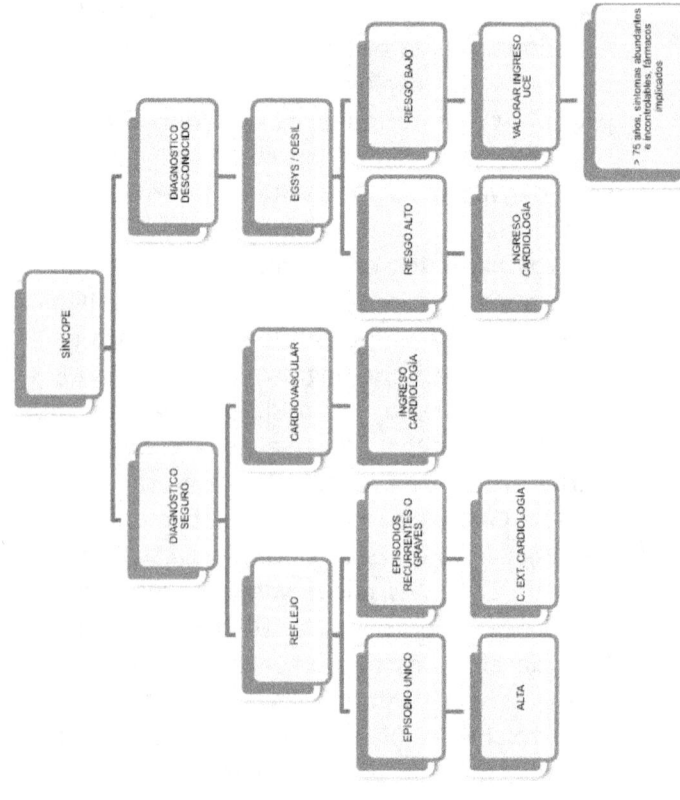

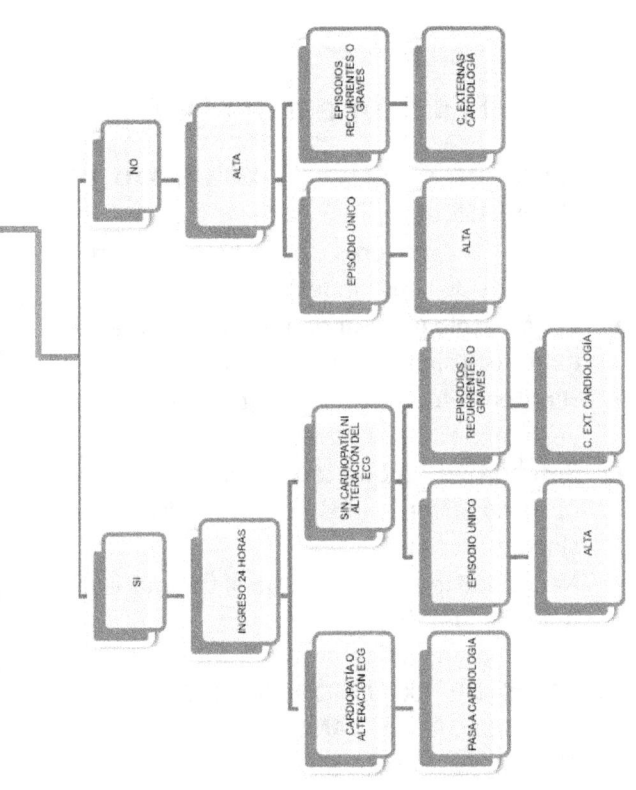

El síncope en la UCE

CRITERIOS DE INGRESO EN LA UNIDAD DE CORTA ESTANCIA
- Pacientes mayores de 75 años con síncopes de causa indeterminada.
- Sintomatología abundante e incontrolable, aunque el síncope sea de bajo riesgo.
- Hipotensión ortostática aguda severa o crónica moderada-severa.
- Retirada o modificación de dosis de fármacos implicados en el origen del síncope.
- Necesidad de ingreso por el traumatismo derivado del síncope.

CRITERIOS DE EXCLUSIÓN DE INGRESO EN UNIDAD DE CORTA ESTANCIA
- Síncopes de causa cardiovascular.
- Sintomatología neurológica de aparición reciente.
- Inestabilidad hemodinámica.
- Síncopes de clara etiología vasovagal (lipotimias) cuando la sintomatología no sea incontrolable.

Tras observación durante 24 horas el paciente puede derivarse a:
- Servicio de Cardiología para completar el estudio y tratamiento si se objetiva cardiopatía o alteración electrocardiográfica.
- Consulta externa de Cardiología (Consulta de Síncope) si existen antecedentes sincopales recurrentes o graves.
- Alta con seguimiento por su Médico de Atención Primaria si se trata de un episodio único de perfil neuromediado, o no existe cardiopatía ni alteración electrocardiográfica.

Recomendaciones al alta

- Evite estar parado por periodos prolongados, por ejemplo en un autobús, en una cola o en la iglesia, particularmente si la temperatura es elevada. Siempre siéntese cuando esté mareado o atontado.
- Trate de estar en ambientes frescos y use ropa holgada.
- Contraiga y relaje los músculos de la pantorrilla o póngase de puntillas.
- Tome abundantes líquidos, sobretodo las primeras horas de la mañana. Luego siga tomando suficientes líquidos para mantener la orina clara.
- Un café o te fuerte pueden ser de ayuda para mantener la presión sanguínea alta (no tome más de 5 tazas al día).
- Incremente el consumo de sal (solo tras consensuarlo con su médico, nunca si está siendo tratado de hipertensión).
- Coma regularmente durante el día. No se salte el desayuno.
- Incremente el tono muscular en sus piernas con ejercicio regular. Esto ayuda al retorno sanguíneo a su corazón.

- Use medias apretadas hasta la cintura durante el día, pero sáqueselas cuando se vaya a acostar.
- Evite el exceso de alcohol, ya que exagera los síntomas. El alcohol deshidrata su cuerpo, disminuyendo la presión arterial.
- Cruce y descruce las piernas cuando esté sentado por periodos prolongados. Usar sus músculos ayuda al bombeo de la sangre hacia el corazón y mantiene su presión arterial.
- Evite cargar objetos pesados o hacer esfuerzos intensos cuando vaya al baño. Esta actividad endentece el pulso y disminuye la presión arterial.
- Duerma con la cabecera de la cama elevada. Esto ayuda a prevenir la pérdida de líquidos por la noche y mantener la presión arterial.

Bibliografía

Angel Moya, Richard Sutton et al. **Guía de práctica clínica para el diagnóstico y manejo del síncope**. Grupo de Trabajo para el Diagnóstico y Manejo del Síncope de la Sociedad Europea de Cardiología (ESC). Rev. Esp. Cardiología, 2009; 62(12):1466.e1-e52

Luís Jiménez Murillo y F. Javier Montero Pérez. **Medicina de Urgencias y Emergencias. Guía diagnóstica y protocolos de actuación**. 4ª edición. 2010 Elsevier España.

Agustín Julián Jiménez (coord.). **Manual de Protocolos y Actuación en Urgencias**. 3ª edición. 2010. Complejo Hospitalario de Toledo.

Medidas higiénico dietéticas para pacientes con síncope vasovagal. Documento electrónico. Hospital Regional Universitario Carlos Haya. Unidad de Gestión Clínica de Cardiología.

Rosana Soriano, Valentin Lisa et al. **Ingreso de pacientes con síncope en la UCE**. Documento electrónico. 2005. Area de salud II del Servicio de Salud Riojano

Martín Martínez A, et al. GESINUR. **Grupo de Estudio del Síncope en Urgencias. El síncope en el siglo XXI: análisis multidisciplinario de sus características**

clínico-epidemiológicas e implicaciones (Estudio GESINUR-1). Rev Esp Cardiol. 2005;58:117–26.

Notas

www.ingramcontent.com/pod-product-compliance
Lightning Source LLC
Chambersburg PA
CBHW072305170526
45158CB00003BA/1194

ISBN 978-1-291-82105-5

90000

The Pocket Guide to Strategic Planning:
The 90-Day Quick Fix for the Business Owner or Manager
Kenneth C. Bator